몸의 라인이 살아나는
주스 & 스무디

몸의 라인이 살아나는

주스 & 스무디

초판 1쇄 인쇄 2017년 6월 5일
초판 1쇄 발행 2017년 6월 10일

지은이 최주영
펴낸이 양동현
펴낸곳 아카데미북
　　　출판등록 제13-493호
　　　주소 02832, 서울 성북구 동소문로13가길 27
　　　전화 02) 927-234 팩스 02) 927-3199

ISBN 978-89-5681-169-7 / 13590

＊잘못 만들어진 책은 구입한 곳에서 바꾸어 드립니다.

www.iacademybook.com

이 도서의 국립중앙도서관 출판시도서목록(CIP)은
e-CIP홈페이지(http://www.nl.go.kr/ecip)와 국가자료공동목록시스템(http://www.nl.go.kr/kolisnet)에서
이용하실 수 있습니다. CIP제어번호 : CIP2017013381

몸의 라인이 살아나는
주스 & 스무디

최주영

아카데미북

머리말

내 몸의 라인을 살려 주는 비타민 한 잔
지금 시작합시다

세상의 많은 여자들은 예쁘고 날씬해지고픈 소망을 이루고 싶어 하지요. 그래서 과일을 챙겨 먹고 주스를 만듭니다.

요즘은 생주스 전문점이나 해독 주스 배달 전문점이 하루가 다르게 늘어 가는 걸 볼 수 있어요.

이 책은 나를 위해, 또 가족을 위해 쉽게 만들 수 있는 방법을 모았습니다. 다이어트 효과가 뛰어난 주스(스무디)는 물론 일상생활에서 여성들이 흔히 겪는 불편한 증상을 달래 주는 방법도 다양하게 소개하였습니다.

아름다움과 건강을 지키는 기쁨을 한 잔 가득 담아 보세요.

2017년 여름, 최주영

목차

PART 1 건강한 다이어트를 도와주는 주스

PART 2 노화를 막고 몸을 아름답게 하는 주스

PART 3 여성이 겪는 불편한 증상에 도움이 되는 주스

이 책을 보는 방법

양상추 토마토 양파 스무디
양상추는 위도 약화시 일으켜, 칼슘 성분이 나트륨의 배출을 돕는다.

재료
양상추 1장
토마토 1개
양파 1/4개
냉수 100㎖
소금 약간

만들기
1 양상추, 토마토는 깨끗이 씻는다.
2 양파는 한입 크기로 잘라 팬에 놓고 전자레인지에 1분간 가열한다.
3 모든 재료를 블렌더에 넣고 간다.

바나나 오렌지 단호박 스무디
칼륨이 풍부한 재료로 분비에 나와 있는 나트륨을 배출한다.

재료
바나나 60g(약 2/3개)
오렌지 80g
단호박(껍질채) 30g
냉수 50㎖

만들기
1 바나나와 오렌지는 껍질을 벗겨 한입 크기로 자른다.
2 단호박은 씨를 제거하고 전자레인지에서 익혀 자른다.
3 모든 재료를 블렌더에 넣고 15~20초간 간다.

효능 설명
주스의 효능을
주재료 중심으로
간략히
설명하였다.

주스와 스무디 이름
재료를 나열하여 이름을
붙였다. 즙을 낸 것은 '~주스',
갈아 만든 것은 '~스무디',
우유를 섞어 갈아 만든 것은
'~우유' 또는 '~셰이크',
두유를 섞은 것은 '~두유',
요거트를 섞은 것은 '~요거트'로
표기하였다.

재료의 사용량
1개나 2개 등으로
표시한 것은
일반적으로 중간
크기의 것이다.
사용하는 재료의
양은 적당히 맞추면
된다.

일러두기

1 사용한 식재료는 마트에서 흔히 볼 수 있는 재료를 중심으로 하였다.

2 경우에 따라, 흔하지는 않지만 영양 효과가 큰 것도 소개하였다.

3 재료의 양은 1인분을 기준으로 제시하였고, 기준량이 다른 것은 따로 표시하였다.

4 사용 재료 중에서 요거트와 요구르트는, 농도가 진하여 떠 먹는 것은 '플레인 요거트', 수분이 많아
   마시는 것은 '액상 요구르트'로 표기하였다.

다이어트 방법이 잘못되면 피부 탄력을 잃는 것은 물론 정신과 육체의 건강도 나빠지게 된다. 비타민을 비롯한 항산화 성분이 풍부한 채소 과일에, 여성의 뼈를 튼튼하게 우유와 요거트, 식물성 단백질을 더하면 건강과 아름다움을 동시에 챙길 수 있다. 아침식사 대용으로도 손색이 없는 영양 만점의 다이어트 음료를 시작해 보자.

건강한 다이어트를 도와 주는 주스

사과 셀러리 스무디

독특한 향기 성분을 가진 셀러리에는 신경 이완 작용과 식욕 증진 효과가 있다.
칼륨도 들어 있으므로 혈압을 정상으로 유지하는 기능도 기대할 수 있다.

재료

사과 1개
셀러리 1대
레몬 1/4개

만들기

1 셀러리는 잎을 따 내고 줄기만 쓴다.
2 사과는 심을 제거한다.
3 모든 재료를 한입 크기로 잘라서 블렌더에 넣고 간다.

피망 키위 스무디

비타민 A와 C가 풍부한 피망에 구연산이 들어 있는 레몬을 넣음으로써
간 기능을 높이는 효과를 볼 수 있다. 피망을 싫어하는 사람도 쉽게 마실 수 있는
주스다.

재료

피망 1개
키위 1개
냉수 100㎖
꿀 약간

만들기

1 피망은 씨를 빼내고 키위는 껍질을 벗긴 뒤 한 입 크기로 자른다.
2 모든 재료를 블렌더에 넣고 간다.

아스파라거스 양배추 사과 파인애플 생강 주스

단백질이 풍부한 그린아스파라거스는 비타민 A·C·E 등 종류도 다양하고
미네랄도 풍부하다. 파인애플은 비타민 C와 식물섬유가 많고 다이어트에도 뛰어난
효과를 발휘한다.

재료

그린아스파라거스 3개
양배추(겉잎) 2장
사과 1/2개
파인애플 150g(1.5슬라이스)
생강 1쪽

만들기

1 파인애플과 사과는 껍질과 심을 제거하고 한입 크기로 자른다.
2 아스파라거스와 양배추는 한입 크기로 자른다.
3 모든 재료를 블렌더에 넣고 즙을 낸다.

시금치 사과 주스

시금치 양배추 키위 레몬 주스

시금치 사과 주스

시금치가 듬뿍 들어갔지만 사과를 더하여 부드럽고 단맛이 좋다.
비타민과 미네랄이 제대로 균형을 이룬다.

재료

시금치 150g
사과 1/2개
물 100㎖

만들기

1 깨끗이 손질한 시금치를 적당한 길이로 찢는다.
2 사과는 꼭지와 심을 제거하고 껍질째 한입 크기로 자른다.
3 모든 재료를 블렌더에 넣고 간다.

시금치 양배추 키위 레몬 주스

비타민과 미네랄을 충분히 섭취하여 건강하게 다이어트한다.

재료

시금치 100g
양배추 100g
키위 2개
레몬 1/2개

만들기

1 시금치는 뿌리를 제거하고 한입 크기로 자른다.
2 양배추는 한입 크기로 자른다.
3 키위는 껍질을 벗기고 한입 크기로 자른다.
4 레몬은 껍질과 씨를 제거하고 한입 크기로 자른다.
5 모든 재료를 주서에 넣고 즙을 낸다.

당근 양배추 사과 레몬 주스

당근 셀러리 파슬리 사과 레몬 주스

당근 셀러리 파슬리 사과 레몬 주스

베타카로틴이 풍부한 채소를 한데 모았다.

재료

당근 150g
셀러리 1대
파슬리 10g
사과 1/2개
레몬 1/4개

만들기

1 당근은 껍질을 벗기고, 한입 크기로 자른다.
2 셀러리와 파슬리는 한입 크기로 자른다.
3 사과와 레몬은 껍질과 씨를 제거하고 한입 크기로 자른다.
4 모든 재료를 주서에 넣고 즙을 낸다.

당근 양배추 사과 레몬 주스

당근은 영양소가 풍부하며 몸속 영양의 불균형을 바로잡아 준다.

재료

당근 1개
양배춧잎 2장(겉장)
사과 1/2개
레몬 1/2개

만들기

1 당근, 양배추, 사과, 레몬을 한입 크기로 자른다.
2 모든 재료를 주서에 넣고 즙을 낸다.

사과 파슬리 스무디

사과 양상추 셀러리 스무디

사과 파슬리 스무디

셀러리나 파슬리 등 향이 강한 채소는 식욕을 증진시키고 활력을 주는 작용을 한다.
사과나 파인애플 등 당질이 높은 과일을 함께 넣어 에너지를 증진시킨다.

재료

사과 1개
파슬리 잎 3g
냉수 150㎖

만들기

1 사과는 심을 제거하고 한입 크기로 자른다.
2 파슬리 잎은 잘게 자른다.
3 모든 재료를 블렌더에 넣고 간다.

사과 양상추 셀러리 스무디

사과의 당질은 흡수율이 좋아 에너지로 빠르게 전환되어 포만감을 느끼게 한다.

재료

사과 1/2개
양상추 60g
셀러리 1/4대
냉수 200㎖
꿀 2큰술

만들기

1 사과는 껍질을 벗기고 한입 크기로 자른다.
2 양상추와 줄기를 뗀 셀러리는 깍둑썰기한다.
3 모든 재료를 블렌더에 넣고 간다.

바나나 아몬드 셰이크

바나나 시금치 셰이크

바나나 아몬드 셰이크

아몬드의 비타민 E는 혈액의 흐름을 좋게 하고, 바나나와 우유는 활력을 높여 주어 아침식사 대용으로 좋다.

재료

바나나 1개
아몬드 슬라이스 2큰술
우유 200㎖

만들기

1 바나나는 껍질을 벗기고 한입 크기로 자른다.
2 모든 재료를 블렌더에 넣고 간다.

바나나 시금치 셰이크

바나나와 꿀은 포만감을 느끼게 하고, 시금치와 어울려 변비 개선에 도움을 준다.

재료

바나나 1개
시금치 30g
우유 200㎖
꿀 1큰술

만들기

1 바나나는 껍질을 벗기고 한입 크기로 자른다.
2 시금치는 살짝 데쳐서 찬물에 헹구어 물기를 짜서 잘게 자른다.
3 모든 재료를 블렌더에 넣고 간다.

멜론 오이 배추 주스

칼로리가 적은 과일과 채소의 풍부한 수분이 포만감을 느끼게 하고 식욕을 억제한다.

재료

멜론 150g
오이 70g
배추 50g
냉수 100㎖
꿀 2큰술(선택 사항)

만들기

1 멜론은 깨끗이 씻어서 한입 크기로 자른다.
2 오이와 배추도 깨끗이 씻어서 물기를 없애고 한입 크기로 자른다.
3 1, 2를 물과 함께 주서에 넣고 즙을 낸다.
4 마시기 전에 꿀을 섞어 마신다.

파인애플 바나나 요거트

파인애플은 공복감으로 뱃속이 허전할 때 허기를 면해 주고 청량감을 주는 효과가 있다.

재료

파인애플 100g
바나나 1/2개
플레인 요거트 150㎖
얼음 5~6개

만들기

모든 재료를 블렌더에 넣고 간다.

포만감

단호박 셀러리 요거트

호박은 섬유질이 많고 영양성분도 많아 다이어트할 때 생기는 변비를 예방해 준다.

재료

단호박 80g
셀러리 30g
플레인 요거트 100㎖
얼음 5개

만들기

1 호박은 속과 씨를 제거하고 전자레인지에
  가열하여 부드럽게 익히고 껍질을 얇게 벗긴다.
2 셀러리는 깍둑썰기한다.
3 모든 재료를 블렌더에 넣고 간다.

바나나 그레이프푸르트 뮈슬리 우유

바나나 검은콩 녹차 스무디

바나나 그레이프푸르트 뮈슬리 셰이크

바나나는 당분이 많아 에너지 대사가 빠르며, 특히 우유와 맛이 잘 어울린다.

재료

바나나 1/2개
그레이프푸르트 1/2개
뮈슬리 1/2컵
저지방우유 100㎖

만들기

1 바나나는 껍질을 벗긴다.
2 그레이프푸르트는 껍질과 씨를 제거한다.
3 모든 재료를 블렌더에 넣고 간다.

바나나 검은콩 녹차 스무디

바나나와 검은콩의 단맛과 녹차의 떫은맛이 조화롭다. 녹차의 카테킨 성분은 지방을 연소하는 효과가 있다.

재료

바나나 1개
검은콩 50g
녹차 200㎖
흑설탕 시럽(메이플 시럽) 2큰술

만들기

1 바나나는 껍질을 벗기고 한입 크기로 자른다.
2 모든 재료를 블렌더에 넣고 간다.

고구마 프룬 셰이크

프룬은 철분과 섬유질이 많아 주스를 만들어 마시면 포만감이 오래간다.

재료

고구마 80g
프룬(말린 자두) 3개
우유 150㎖

만들기

1 고구마는 한입 크기로 자르고 랩에 싸서
   전자레인지에서 2분간 가열한다. 고구마는
   당질과 식물섬유, 베타카로틴도 풍부한
   다이어트 식품이다.
2 말린 프룬(서양자두)은 씨가 있는 것은 씨를
   빼낸다.
3 모든 재료를 블렌더에 넣고 간다.

살찌지 않게
당질 보급

단호박 크랜베리 셰이크

호박에는 칼륨과 비타민 C도 풍부하며, 몸을 따뜻하게 하여 혈액순환을 원활하게 한다.

재료

단호박 50g
크랜베리 20g
우유 100㎖
꿀 약간

만들기

1 호박은 속과 씨를 제거하고 한입 크기로
   잘라서 물렁물렁하게 삶는다. 전자레인지에
   가열하여 익혀도 된다.
2 모든 재료를 블렌더에 넣고 간다.

복숭아 포도 배 스무디

망고 오렌지 파인애플 스무디

키위 사과 요거트

키위 사과 요거트

다이어트 중에 섭취해야 할 비타민 C, 칼슘, 식물섬유가 풍부하다.

재료

키위 1개 · 사과 1/2개 · 요거트 150㎖ · 꿀 1큰술

만들기

1 사과와 키위는 껍질을 벗기고 한입 크기로 자른다.
2 모든 재료를 블렌더에 넣고 간다.

망고 오렌지 파인애플 스무디

망고는 비타민 E를 비롯한 항산화 성분이 풍부하여 신체 정화 효과가 크다.

재료

망고 1/2개 · 오렌지 1/2개 · 파인애플 100g(1슬라이스)

만들기

1 망고는 껍질을 벗겨 과육을 한입 크기로 자른다.
2 오렌지는 껍질을 벗겨 한입 크기로 자른다.
3 모든 재료를 블렌더에 넣고 간다.

복숭아 포도 배 스무디

아침에 당질을 섭취하면 두뇌에 영양이 보급되어 하루가 산뜻하다.

재료

복숭아 1/2개 · 포도 10알(씨 제거) · 배 1/2개 · 메이플 시럽 2큰술

만들기

1 배는 껍질을 벗기고 한입 크기로 자르고, 포도는 씨를 제거한다.
2 모든 재료를 블렌더에 넣고 간다.

파인애플 파슬리 레몬 요거트

파프리카 파인애플 스무디

파인애플 파슬리 레몬 요거트

파인애플의 단맛은 에너지를 공급하고, 신맛은 피로를 풀어 주며 식욕을
증진시킨다.

재료

파인애플 100g
파슬리 3g
레몬 1/4개
플레인 요거트 100㎖

만들기

1 파슬리는 잎만 잘라낸다. 파슬리 향은 식욕 증진 효과가 있다.
2 파인애플은 껍질과 심을 제거하고 한입 크기로 자른다.
3 레몬은 껍질과 씨를 제거하고 한입 크기로 자른다.
4 모든 재료를 블렌더에 넣고 간다.

파프리카 파인애플 스무디

파프리카 주스를 처음 접하는 사람에게 좋다.

재료

노란 파프리카 30g
파인애플 100g(1슬라이스)
물 80㎖
꿀 1큰술

만들기

1 파프리카는 씨와 꼭지를 제거하고 얇게 자른다.
2 파인애플은 껍질과 심을 제거하고 한입 크기로 자른다.
3 모든 재료를 블렌더에 넣고 15~20초간 간다.

호박 브로콜리 셰이크

감자 양배추 호박 셰이크

감자 양배추 단호박 셰이크

감자는 체력을 길러 주는 최적의 채소. 양배추를 곁들이면 여름철 영양 음료가 된다.

재료

감자 1개
양배추 50g
단호박 50g
우유 200㎖
물 50㎖
꿀 1작은술

만들기

1 감자는 껍질을 벗겨서 잘게 자르고, 양배추도 잘게 자른다.
2 단호박은 껍질째 씨만 제거한 뒤 썰어서 익힌다.
3 모든 재료를 한입 크기로 잘라서 블렌더로 간다.

단호박 브로콜리 셰이크

호박은 가열해도 영양소가 잘 파괴되지 않는다. 브로콜리에는 단백질이 많다.

재료

단호박 50g
브로콜리 1/2송이
우유 150㎖
꿀 1큰술

만들기

1 호박은 껍질째 씨만 제거하여 전자레인지에서 익힌다.
2 브로콜리는 아삭한 질감이 느껴지도록 소금물에 살짝 데친다.
  줄기에 영양분이 많으므로 함께 사용한다.
3 모든 재료를 블렌더에 넣고 간다.

유자청 콜라비 사과 주스

유자의 신맛이 식욕을 돋운다. 콜라비는 비타민 C · A, 미네랄, 식이섬유는 물론 수분 함량이 높아 나트륨 배출 및 배변 활동에 도움이 된다.

재료

유자청 1큰술
콜라비 150g
사과 1개
물 100㎖

만들기

1 사과는 껍질과 씨를 제거하고 한입 크기로 자른다.
2 콜라비는 껍질을 벗기고 한입 크기로 자른다.
3 모든 재료를 주서에 넣고 즙을 낸다.

감자 브로콜리 수프

재료(2인분)

감자 1개
브로콜리 1송이
양파 1/2개
생크림 100㎖
닭고기 육수(또는 물) 400㎖
올리브 오일 2큰술

만들기

1 감자와 양파는 껍질 벗겨 얇게 자른다.
2 브로콜리는 한 조각씩 떼어 씻어 물기를 빼 둔다.
3 냄비에 올리브 오일을 두르고 감자와 양파를 익을 때까지 볶은
  뒤 육수를 넣고 감자가 무르도록 끓인다.
4 블렌더에 3과 브로콜리를 넣고 곱게 갈아 다시 냄비에 담는다.
5 생크림을 넣고 저어 가며 끓인 뒤 소금으로 간을 맞추고 후추를
  넣는다.

불규칙한 생활, 수면 부족, 스트레스가 계속되면 피부에 민감한 변화가 나타나기 시작한다. 피부가 거칠어지고, 여드름, 뾰루지, 기미 등이 생긴다. 이럴 때는 비타민 C와 미네랄이 풍부한 과일과 채소로 신진대사를 높이고, 몸속에 노폐물이 쌓이지 않도록 한다.

노화를 막고 몸을 아름답게 하는 주스

적채 파인애플 셰이크

적채에 풍부한 폴리페놀, 파인애플의 구연산이 피로를 해소하고 노화를 막아 준다.

재료(2인분)

적채(붉은 양배추) 60g
파인애플 100g(1슬라이스)
우유 200㎖

만들기

1 양배추는 한입 크기로 썬다.
2 파인애플은 통조림에 든 것을 사용해도 된다.
3 모든 재료를 블렌더에 넣고 간다.

토마토 단호박 레몬 스무디

강력한 항산화 작용을 하는 토마토의 라이코펜, 피부와 점막을 보호하는 단호박의
카로틴, 레몬의 비타민 C가 만나 노화 예방 효과가 훨씬 좋아진다.

재료

토마토 1개
단호박 100g
레몬즙 1작은술
얼음 5개

만들기

1 토마토를 한입 크기로 자른다.
2 단호박은 껍질과 씨를 제거하고 전자레인지에 익힌 뒤 한입
　크기로 자른다.
3 모든 재료를 블렌더에 넣고 간다.

루비그레이프프루트 블루베리 스무디

토마토 그레이프프루트 파슬리 스무디

토마토 그레이프프루트 파슬리 스무디

토마토, 파슬리와 그레이프프루트의 비타민 C가 한데 모여 항산화 효과가 크다.

재료

토마토 1/2개
그레이프프루트 1/2개
파슬리 2g
물 30㎖

만들기

1 토마토는 꼭지를 떼고 한입 크기로 자른다.
2 그레이프프루트는 껍질을 벗기고 씨를 뺀 뒤 한입 크기로
  자른다.
3 모든 재료를 블렌더에 넣고 15~20초간 간다.

루비그레이프프루트 블루베리 스무디

루비그레이프프루트의 붉은색 성분인 라이코펜은 항산화 효과가 매우 크다.

재료

루비그레이프프루트 1개
블루베리 20g(약 10개)
물 30㎖

만들기

1 루비그레이프프루트는 껍질과 씨를 제거하여 한입 크기로
  자른다.
2 블루베리는 냉동한 것을 사용해도 된다.
3 모든 재료를 블렌더에 넣고 15~20초간 간다.

땅콩 뮈슬리 우유

호두 우유 코코넛밀크

호두 우유 코코넛밀크

자양강장 식품인 호두와 칼슘이 풍부한 우유, 코코넛밀크를 한데 섞어 영양이 매우
풍부하다.

재료

호두 60g
우유 300㎖
코코넛밀크 2큰술
꿀 1큰술

만들기

모든 재료를 블렌더에 넣고 간다.

땅콩 뮈슬리 두유

비타민 E가 풍부한 땅콩, 칼슘이 많은 두유로 뼈를 튼튼하게 한다. 소맥배아에
풍부한 비타민 B_6는 두뇌를 활성화한다.

재료

땅콩 1/2컵
뮈슬리 2큰술
두유 150㎖
물 100㎖
꿀 1.5큰술

만들기

모든 재료를 블렌더에 넣고 부드러워질 때까지 간다.

체리 레몬차

체리에 비타민 C가 풍부한 레몬즙을 첨가하면 체리의 세정 효과가 커지고 맛도 더 좋아진다.

재료

무설탕 체리 농축액
(또는 체리잼) 1큰술
꿀 1작은술
레몬즙 2작은술
끓는 물 300㎖

만들기

1 체리 농축액, 꿀, 레몬즙을 잔에 담고 끓는 물을
  부어 저어 준다.
2 1이 충분히 우러나도록 5분간 둔다.
3 뜨거울 때 마신다.

사과 배 샐러리 주스

미네랄이 풍부한 채소와 과일로 신진대사를 높이고, 몸속에 노폐물이 쌓이지 않도록 한다.

재료

사과 1/2개
배 1/2개
셀러리 40g
레몬즙 1작은술

만들기

1 사과와 배는 심을 제거한 뒤 한입 크기로
  자른다.
2 셀러리는 한입 크기로 자른다.
3 모든 재료를 주서에 넣고 즙을 낸다.

당근 아스파라거스 오렌지 레몬 주스

당근 복숭아 두유

당근 복숭아 두유

당근의 카로틴(비타민 A)은 피부가 거칠어지는 것을 막고, 복숭아의 섬유질은
변비를 해소한다.

재료

당근 1/2개
복숭아 1/2개
두유 100㎖
레몬즙 1작은술
꿀 1작은술(선택 사항)

만들기

1 당근은 껍질을 벗기고 한입 크기로 자른다.
2 복숭아는 껍질과 씨를 제거한 뒤 한입 크기로 자른다.
3 모든 재료를 블렌더에 넣고 간다.

당근 아스파라거스 오렌지 레몬 주스

아스파라거스의 비타민 E는 피부에 윤기를 준다.

재료

당근 1/2개
그린 아스파라거스 2개
오렌지 1개
레몬 1/4개

만들기

1 당근은 껍질을 벗기고 한입 크기로 자른다.
2 아스파라거스는 한입 크기로 자른다.
3 오렌지와 레몬은 껍질과 씨를 제거하고 한입 크기로 자른다.
4 모든 재료를 주서에 넣고 즙을 낸다.

파프리카 당근 오렌지 스무디

파프리카와 당근의 카로틴이 피부를 촉촉하고 탱탱하게 가꿔 준다. 오렌지 속껍질에는 식이섬유가 풍부하다.

재료

주황 파프리카 40g(약 1/3개)
당근 15g(약 1/8개)
오렌지 200g(약 1개)
물 50㎖
시럽(또는 꿀) 1큰술

만들기

1 파프리카는 씨와 꼭지를 제거하고 얇게 자른다.
2 당근은 껍질을 벗기고 잘게 자른다.
3 오렌지는 껍질을 벗기고 한입 크기로 자른다.
4 모든 재료를 블렌더에 넣고 15~20초간 간다.

딸기 요거트

요거트는 칼슘이 풍부하다. 딸기와 섞어서 주스를 만들면 혈액순환 효과가 있다.

재료

딸기 8개
플레인 요거트 1/2컵
꿀 약간(선택 사항)
얼음 5개

만들기

1 딸기는 꼭지를 딴다.
2 모든 재료를 블렌더에 넣고 간다. 꿀로 맛을 조절한다.

멜론 키위 살구 스무디

멜론은 비타민 C와 베타카로틴이 풍부하다.

재료(2인분)

멜론 80g
키위 1개
살구 1개
냉수 200ml
얼음 5개

만들기

1 멜론은 껍질과 씨를 제거하고 키위는 껍질을
  제거한다.
2 재료를 한입 크기로 잘라서 한꺼번에 블렌더로
  간다.

건강한
피부

키위 말차 셰이크

키위는 비타민 C의 왕이라고 불리며, 말차에는 비타민 C가 응축되어 있다.

재료(1인분)

키위 1개
말차(가루 녹차) 1작은술
뜨거운 물 1큰술
우유 150㎖
꿀 1큰술

만들기

1 키위는 껍질을 벗긴다.
2 말차는 뜨거운 물에 녹여 둔다.
3 모든 재료를 블렌더에 넣고 간다.
※피부 세포를 만드는 데 필요한 단백질과
   칼슘은 우유에서 보충한다.

브로콜리 오이 사과 레몬 주스

오렌지 오이 요거트

브로콜리 오이 사과 레몬 주스

브로콜리는 피부 거칠어짐과 기미를 예방한다.

재료

브로콜리 1/2송이
오이 1개
사과 · 레몬 1/2개씩
꿀 1큰술(선택 사항)

만들기

1 브로콜리는 작은 송이대로 갈라 놓고, 오이는 한입 크기로
   자른다.
2 사과는 껍질과 심을 제거하고 한입 크기로 자르고, 레몬은
   껍질과 씨를 제거하고 한입 크기로 자른다.
3 모든 재료를 주서에 넣고 즙을 낸 뒤 꿀을 섞어 마신다.

오렌지 오이 요거트

자외선에 노출되었거나 몸의 리듬이 좋지 않아 몸이 화끈거릴 때 오렌지의 비타민
C와 오이의 찬 성분이 도움을 준다.

재료

오렌지 1개
오이 1/2개
플레인 요거트 100㎖
레몬즙 약간

만들기

1 오렌지는 껍질을 벗기고 한입 크기로 자른다.
2 오이는 꼭지 부분을 잘라 낸 뒤 한입 크기로 자른다.
3 모든 재료를 블렌더에 넣고 간다.

맑은
피부

망고 파프리카 방울토마토 스무디

방울토마토는 일반 토마토에 비해 비타민 C가 2배 이상 많다.

재료

망고 1/2개
붉은 파프리카 20g
방울토마토 50g(약 5개)
물 100㎖

만들기

1 망고는 껍질과 씨를 제거하여 한입 크기로
  자른다.
2 붉은 파프리카는 씨와 꼭지를 제거하여 얇게
  자른다.
3 모든 재료를 블렌더에 넣고 15~20초간 간다.

토마토 피망 양배추 오렌지 주스

비타민 C는 멜라닌 색소의 침착을 막고 기미나 주근깨를 예방한다.

재료(2인분)

토마토 1개
붉은 피망 1개
양배추 1장
오렌지 1개

만들기

1 토마토는 꼭지를 따고 한입 크기로 자른다.
2 피망은 씨와 꼭지를 제거하고 한입 크기로
  자른다.
3 오렌지는 껍질을 벗기고 한입 크기로 자른다.
4 모든 재료를 주서에 넣어 즙을 낸다.

오렌지 망고 스무디

오렌지 바나나 요거트

오렌지 망고 스무디

다양한 비타민이 풍부한 망고에 오렌지의 비타민 C를 더해 피부를 건강하게 한다.

재료

오렌지 1개
망고 1/2개
냉수 100㎖
올리고당 1큰술
레몬즙 약간

만들기

1 망고는 껍질과 씨를 제거하고 한입 크기로 자른다.
2 오렌지는 껍질을 제거하고 한입 크기로 자른다.
3 모든 재료를 블렌더에 넣고 간다.
※망고는 열량이 높으므로 지나치게 많이 먹지 않는다.

오렌지 바나나 요거트

오렌지의 상큼한 향과 깔끔한 맛에 바나나와 요거트를 곁들이면 맛이 풍부해진다.

재료

오렌지 1개
바나나 1/2개
플레인 요거트 100㎖
얼음 5개

만들기

1 오렌지는 스퀴저로 즙을 짠다.
2 바나나는 껍질을 벗기고 한입 크기로 자른다.
3 모든 재료를 블렌더에 넣고 간다.

딸기 바나나 셰이크

딸기 브로콜리 셀러리 주스

딸기 브로콜리 셀러리 주스

브로콜리는 비타민과 미네랄이 풍부하다. 특히 항산화 성분인 베타카로틴은
몸속에서 비타민 A로 전환되어 미용 효과가 크다.

재료

딸기 8개
브로콜리 150g
셀러리 50g

만들기

1 브로콜리는 깨끗하게 씻어서 송이를 잘게 나누어 놓는다.
2 딸기는 엷은 소금물로 깨끗하게 씻어 꼭지를 딴다.
3 모든 재료를 주서에 넣고 즙을 낸다.

딸기 바나나 셰이크

멜라닌 색소를 억제하는 비타민 C가 풍부한 딸기와, 칼륨이 들어 있는 부드러운
바나나가 어우러져 풍미가 있다.

재료

딸기 8개
바나나 1/2개
우유 100㎖
얼음 5개
올리고당 1큰술

만들기

1 딸기는 꼭지를 떼어내고 반으로 자른다.
2 바나나는 껍질을 벗기고 한입 크기로 자른다.
3 모든 재료를 블렌더에 넣고 간다.

당근 셀러리 주스

카로틴과 비타민 C가 듬뿍 든 주스. 당근에는 비타민 C를 파괴하는 효소가 들어 있는데 레몬즙이 그 작용을 막는다.

재료

당근 300g(약 1.5개)
셀러리 90g
레몬즙 1큰술

만들기

1 당근은 껍질을 벗기고 한입 크기로 자른다.
2 셀러리는 3cm 길이로 자른다.
3 모든 재료를 주서에 넣고 즙을 낸다.

당근 딸기 스무디

하루에 필요한 비타민 C의 절반 이상을 섭취할 수 있다.

재료

당근 50g(약 1/2개)
딸기 100g(약 10개)
물 100㎖
흑설탕 3g(선택 사항)

만들기

1 당근은 껍질을 벗겨 은행잎 모양으로 자른다.
2 딸기는 꼭지를 떼어 낸다.
3 모든 재료를 블렌더에 넣고 20초간 간다. 흑설탕을 3g 정도
  첨가하면 더욱 맛이 좋다.

감 바나나 그레이프푸르트 스무디

오렌지 그레이프푸르트 스무디

감 바나나 그레이프푸르트 스무디

식물섬유가 풍부한 감을 섭취하여 피부를 촉촉하게 한다.

재료

감 80g(1/2개)
바나나 1개
그레이프푸르트 50g(1/4개)
레몬즙 1큰술
냉수 300㎖

만들기

1 바나나는 껍질을 벗기고 한입 크기로 자른다.
2 감과 그레이프푸르트는 껍질과 씨를 제거한 뒤 다.
3 재료를 한입 크기로 잘라서 한꺼번에 블렌더로 간다.

오렌지 그레이프푸르트 스무디

피부에 좋은 비타민 C를 듬뿍 섭취한다.

재료

오렌지 1개
그레이프푸르트 1/2개
냉수 200㎖
레몬즙 1큰술
메이플 시럽 2큰술

만들기

1 오렌지와 그레이프푸르트는 껍겉질과 속껍질을 벗기고 자른다.
2 모든 재료를 블렌더에 넣고 간다.

연근 당근 스무디

당근의 비타민 A는 피부의 대사를 촉진하고 피부의 점막을 튼튼하게 하여 여드름
예방에 효과적이다. 연근에는 비타민 C가 풍부하여 피부를 진정시킨다.

재료

연근 100g
당근 100g
레몬즙 1큰술
얼음 5개

만들기

1 연근과 당근은 껍질을 제거한 뒤 한입 크기로 자른다.
2 모든 재료를 블렌더에 넣고 간다.

레몬 복숭아 셰이크

복숭아 식물섬유가 더해져 피부 트러블에 좋다.

재료

레몬 1개
복숭아 1개
우유 100㎖
얼음 5개
꿀 1작은술

만들기

1 레몬은 반으로 잘라 스퀴저로 즙을 짠다.
2 복숭아는 껍질과 씨를 제거하고 2cm 크기로 자른다.
3 모든 재료를 블렌더에 넣고 간다.

여드름
뾰루지
개선

고구마 딸기 두유

고구마에 들어 있는 비타민 B₆는 피부 트러블과 구내염을 예방한다.

재료

고구마(작은 것) 100g
딸기 6개
두유 300㎖
연유 1큰술

만들기

1 고구마는 한입 크기로 잘라 껍질을 벗기고
  랩으로 감싸서 전자레인지에 2분 30초간
  가열한다.

2 딸기는 물에 씻어서 꼭지를 제거한다.

3 모든 재료를 블렌더에 넣고 간다.

우엉 아몬드 요거트

우엉의 식물섬유와 요거트의 유산균의 정장 작용으로 뾰루지를 막는다.

재료

우엉 5cm
아몬드 8개
플레인 요거트 100㎖
냉수 1/2컵
꿀 2큰술

만들기

1 우엉은 부드러워질 때까지 삶아 잘게 자른다.
2 아몬드는 잘게 다진다.
3 모든 재료를 블렌더에 넣고 간다.

키위 우유 요거트

비타민 C와 단백질이 햇볕에 그을린 피부를 회복시켜 준다.

재료

키위 1개
우유 100㎖
요거트 50㎖
꿀 1큰술

만들기

1 키위는 껍질을 제거하고 2㎝ 크기로 자른다.
2 모든 재료를 블렌더에 넣고 간다.

바나나 땅콩 요거트

땅콩을 비롯한 견과류에는 머리카락을 건강하게 하는 비타민 E가 풍부하다.

재료

바나나 1개
땅콩버터 1작은술
플레인 요거트 100㎖
우유 100㎖

만들기

1 바나나는 껍질을 벗기고 한입 크기로 자른다.
2 모든 재료를 블렌더에 넣고 간다.

윤기 있는
머릿결

쑥갓 흑임자 셰이크

비타민과 철분이 풍부한 쑥갓, 양질의 단백질과 비타민 E가 풍부한 참깨가 어울린다.

재료

쑥갓 50g
흑임자 1작은술
우유 200㎖
꿀 약간

만들기

1 쑥갓은 밑동을 잘라내고 뜨거운 물에 데쳐
  찬물에 헹구어 물기를 짜고 한입 크기로
  자른다.
2 모든 재료를 블렌더에 넣고 간다.

단호박 오렌지 두부 스무디

단호박 땅콩버터 셰이크

단호박 오렌지 두부 스무디

비타민 E가 풍부한 호박에 오렌지의 비타민 C와 달콤함, 두부의 단백질을 더한다.

재료

단호박 100g
오렌지 1개
연두부 1/2모
생수 100㎖
꿀 1큰술

만들기

1 단호박은 속과 씨를 제거하고 전자레인지에 익힌 뒤 한입
　크기로 자른다.
2 오렌지는 껍질을 벗기고 한입 크기로 자른다.
3 모든 재료를 블렌더에 넣고 간다.

단호박 땅콩버터 셰이크

견과류의 불포화지방산은 혈관에 콜레스테롤이 침착하는 것을 막는다. 비타민
B군은 당질대사를 원활하게 한다.

재료

단호박 100g
땅콩버터 1큰술
우유 150㎖

만들기

1 호박은 속과 씨를 제거하고 껍질째 전자레인지에 가열해서
　물렁해지면 한입 크기로 자른다.
2 모든 재료를 블렌더에 넣고 간다.

시금치 흑임자 우엉 두유

말차 세이크

말차 셰이크

녹차에는 비타민류가 풍부하다. 단백질이 풍부한 우유를 섞으면 영양이 높아지고 맛이 부드러워진다.

재료

말차(가루 녹차) 1큰술
우유 200㎖
꿀·참깨 약간

만들기

1 참깨를 제외한 모든 재료를 블렌더에 넣고 간다.
2 1을 그릇에 따르고 참깨를 띄운다.

시금치 흑임자 우엉 두유

시금치의 엽산과 철분이 탈모를 막고, 가늘어진 머릿결을 회복해 주는 건강 음료

재료

시금치 2포기
흑임자 1큰술
우엉 5㎝
두유 1컵
꿀 2큰술

만들기

1 시금치는 살짝 데쳐서 찬물에 헹구어 물기를 짠 뒤 자른다.
2 껍질 벗긴 우엉은 부드러워질 때까지 삶아서 찬물에 헹구어 잘게 자른다.
3 모든 재료를 블렌더에 넣고 간다.

두통, 생리통, 방광염, 부종, 냉증, 빈혈, 갱년기장애까지, 여성이

겪는 신체의 불편함은 다양하다. 이럴 때 신선한 채소와 과일,

허브차가 불편함을 해소하는 방편이 될 수 있다. 일상생활에서

부딪치는 불편함에 주눅 들지 말고 신선한 주스 한 잔으로 달래 보자.

여성이 겪는 불편한 증상에
도움이 되는 주스

바질 레몬밤차

바질과 레몬밤은 진정 효과가 뛰어나고 두통과 편두통을 포함한 다양한 스트레스성
증상을 개선하는 효과가 있다.

재료(2~3회분)

스위트 바질(잎) 1큰술

레몬밤(잎) 1큰술

끓는 물 600㎖

만들기

1 차 냄비에 바질과 레몬밤을 넣고 끓는 물을 붓는다.

2 뚜껑을 닫고 10~15분간 우러나도록 둔다. 필요할 때 한 잔씩
   마신다.

3 기분을 좋게 하는 맛과 향기가 스트레스성 두통을 초래하는
   긴장된 근육을 풀어 준다.

당근 셀러리 로즈마리 주스

긴장을 완화하며, 간 기능을 자극하여 두통과 편두통에 가장 효과적인 건강 주스. 소화를 돕고 간 기능을 개선하며 혈관을 확장하는 작용을 한다.

재료

당근 즙 125㎖
셀러리 즙 125㎖
로즈마리 잎줄기 3개

만들기

1 당근 즙, 셀러리 즙, 로즈마리를 블렌더에 함께 넣고 섞어 주듯이 간다.
2 만든 즉시 바로 마신다. 건강 예방 차원에서 매일 규칙적으로 한 잔씩 마시면 큰 도움이 된다.

ON THE 8TH DAY GOD CREATED
COFFEE AND CHOCOLATE.

당귀차

월경전증후군을 예방하고 증상을 개선하는 데 도움이 된다.

재료(2~3회분)

말린 당귀 30g(얇게 썬 것)
물 800㎖

만들기

1 냄비에 당귀와 물을 넣고 끓인다. 끓기 시작한 시점에서 30분
  정도 달여 준다.
2 우러난 물을 하루에 두 번, 한 잔씩 마신다.

※ 한약재로 쓰이는 당귀는 호르몬을 조절하고 생식 기관의 기능을
  정상화하는 효과가 있다. 자궁 안팎으로 혈액순환을 좋게 하고
  월경통을 줄여 주며, 혈당을 안정화하고, 장의 기능을 조절한다. 또한
  기력을 돋워 주고 신경을 안정시킨다.

파프리카 그레이프푸르트 요거트

파프리카 사과 스무디

파프리카 사과 스무디

빨간 식재료를 이용한 비타민 C 주스. 약간 쓴맛이 특징이다.

재료

빨간 파프리카 1/2개
사과 1/2개
냉수 50㎖
얼음 5개

만들기

1 파프리카는 씨를 제거하고 사과는 껍질을 벗기고 한입 크기로
  자른다.
2 모든 재료를 블렌더에 넣고 간다.

파프리카 그레이프푸르트 요거트

부드러운 맛으로 산뜻한 기분을!

재료

노란 파프리카 1/2개
그레이프푸르트 1/2개
플레인 요거트 50㎖
꿀 1큰술

만들기

1 그레이프푸르트는 반으로 잘라 스퀴저로 즙을 짠다.
2 파프리카는 씨를 제거하고 한입 크기로 자른다.
3 모든 재료를 블렌더에 넣고 간다.

고구마 사과 우유

고구마 두유

고구마 사과 셰이크

장에 좋은 고구마와 사과를 이용하여 식물섬유를 섭취하면 몸이 전체적으로
편안해진다.

재료

고구마 50g
사과 1/2개
우유 100㎖

만들기

1 고구마는 한입 크기로 자르고 부드러워질 때까지 삶는다. 사과는
껍질을 벗기고 한입 크기로 자른다.
2 모든 재료를 블렌더에 넣고 간다.

고구마 두유

기분을 진정시켜 주는 칼슘이 들어 있는 재료를 이용한 담백한 맛의 주스.

재료

고구마 50g
두유 150㎖
콩가루 약간

만들기

1 고구마는 한입 크기로 자르고 부드러워질 때까지 삶는다.
2 모든 재료를 블렌더에 넣고 간다.

대두 참깨 세이크

유자청 귤 레몬 스무디

유자청 귤 레몬 스무디

초초함을 해소하는 효과가 있다. 신맛도 적당하여 기분 전환에 좋다.

재료

유자청 1큰술
귤 1개
레몬즙 1큰술
냉수 200㎖
꿀 1큰술

만들기

1 귤은 껍질을 벗기고 작게 나눈다.
2 모든 재료를 블렌더에 넣고 간다.

대두 참깨 셰이크

대두에 풍부한 단백질이 유해 콜레스테롤치를 떨어뜨리고, 호르몬의 균형을
조절한다.

재료

삶은 대두 1/2컵
참깨 2큰술
저지방 우유 200㎖
꿀 1큰술

만들기

모든 재료를 블렌더에 넣고 간다.

블루베리 파인애플 대추 스무디

대추는 몸을 따뜻하게 한다.

재료

블루베리 50g
파인애플 60g
대추 2개
냉수 200㎖

만들기

1 파인애플은 껍질을 벗기고, 대추는 따뜻한 물에 데쳐 씨를 제거
한다.
2 재료를 한입 크기로 자르고, 한꺼번에 블렌더로 간다.

바나나 양배추 셰이크

엽산이 많은 바나나, 비타민 C와 B$_6$가 들어 있는 양배추, 우유의 단백질이 만나
효과가 크다.

재료

바나나 1개
양배추 3개
우유 200㎖

만들기

1 바나나와 양배추는 한입 크기로 자른다.
2 모든 재료를 블렌더에 넣고 간다.

자두 사과 스무디

자두는 비타민과 미네랄이 많다. 혈액순환 촉진, 자율신경을 안정시키는 비타민 E, 빈혈을 개선하는 철분이 특히 풍부하다.

재료

자두 3개
사과 1/2개
냉수 100㎖
레몬 약간

만들기

1 자두는 껍질과 씨를 제거하고, 사과는 심을 제거한다.
2 레몬은 스퀴저에 짠다.
3 모든 재료를 블렌더에 넣고 간다.

부추 그린티

부추 당근 사과 양배추 주스

부추 그린티

부추는 혈액순환을 좋게 한다. 부추만 섭취하기엔 버거운데, 꿀의 단맛이 부추 특유의 향을 순화시킨다.

재료

부추 10g
녹차 200㎖
꿀 약간

만들기

1 부추를 적당히 썰어서 절구에 으깬다.
2 녹차를 우려낸다.
3 잔에 1과 꿀을 넣고 녹차를 따른다. 블렌더에 갈아도 된다.

부추 당근 사과 양배추 주스

생리통은 냉증에 의해서 일어나는 경우가 있다. 부추에 들어 있는 자극성 성분인 황화아릴은 혈액순환을 좋게 하고 몸을 따뜻하게 해 준다.

재료

부추 30g
당근 50g
사과 70g
양배추 1/4장

만들기

1 부추는 알맞은 길이로 자른다.
2 당근은 꼭지를 도려내고 한입 크기로 자른다.
3 사과는 심을 제거해서 한입 크기로 자른다.
4 모든 재료를 주서에 넣고 즙을 낸다.

셀러리 토마토 양파 당근 레몬 주스

셀러리의 강한 향기 성분은 기분을 안정시키는 작용을 하며 두통을 비롯한 각종 통증에 효과가 있다. 또 양파에는 안식향산이라는 수면 유도 물질이 들어 있어 숙면을 돕는다.

재료

셀러리 1/2대

토마토 1개

양파 20g

당근 1/2개

레몬 1/4개

만들기

1 모든 재료를 씻어서 물기를 없애고 한입 크기로 자른다.
2 모든 재료를 블렌더에 넣고 간다.

복숭아 그린티

복숭아 열매나 씨는 부인병에 효과가 있는 약재다. 몸속에서 오래된 혈액을
배출하고 생리통을 완화한다. 몸이 차면 생리통이 심해지므로, 따뜻한 차와 우유로
몸을 따뜻하게 하거나 몸을 마사지하여 혈액순환을 좋게 한다.

재료(2인분)

복숭아 1/2개

녹차 400㎖

만들기

1 복숭아는 껍질과 씨를 제거하고 얇게 저민다.
2 끓는 물에 복숭아를 넣고 3~5분간 끓여 향이 나면 녹차를 넣고
  우린다.

크랜베리 주스

서양에서 방광염을 치료하는 민간요법으로 인정받은 크랜베리는 성분이
과학적으로 입증되었으며, 설탕이나 꿀을 넣어도 효능이 유지된다. 예방용으로는
매일 작은 유리잔으로 한 잔씩, 치료용으로는 하루 2회, 큰 잔으로 한 잔씩 마신다.

재료

크랜베리(냉동된 것은 녹여서 쓴다) 450g
물 2리터
꿀(또는 설탕) 적당량
플레인 요거트 2큰술(선택 사항)

만들기

1 큰 팬에 물과 크랜베리를 넣고 물이 끓어오르면 20분간 약한
  불에서 더 끓인다.
2 체에 ①을 넣고 걸러낸다.
3 꿀이나 설탕을 넣어 마시기 좋게 한다. 상온에서 식힌 뒤
  4~5일간 냉장고에 보관해 둔다. 덜 시고 부드러운 음료를
  원한다면 생요거트를 1~2스푼 넣는다.

보리차

재료

보리(통보리 볶은 것)

만들기

주전자에 찬물과 보리를 넣고 30분가량 푹 끓여 낸다.

감 사과 스무디

감 양배추 탄산수

감 사과 스무디

감과 사과는 칼륨이 많아 이뇨 효과가 있어 부종과 고혈압을 개선하는 효과가 있다.

재료

냉동 홍시 1개
사과 1/2개
냉수 200㎖

만들기

1 감은 껍질과 씨를 제거하고 사과는 심을 제거한 뒤 한입 크기로
   자른다.
2 모든 재료를 블렌더에 넣고 간다.

감 양배추 탄산수

감과 양배추의 칼륨에 탄산수의 수분 배출 효과를 더해 부종을 해소한다.

재료

냉동 홍시 1개
양배추 1/2장
탄산수 150㎖
레몬즙 1작은술
꿀 약간

만들기

1 감은 껍질과 씨를 제거하고 양배추는 잘 씻어서 한입 크기로
   자른다.
2 1을 블렌더에 넣고 간다.
3 2를 유리컵에 담고 탄산수와 레몬즙, 꿀을 첨가한다.

수박 셀러리 토마토 스무디

수박 토마토 레몬 스무디

수박 셀러리 토마토 스무디

수박과 셀러리는 이뇨 작용을 하는 칼륨이 풍부하다. 여름철 채소와 과일은 대부분
이뇨 효과가 있다.

재료

수박 150g
셀러리 40g
토마토 1개
레몬즙 1작은술

만들기

1 수박은 껍질과 씨를 제거하고 한입 크기로 자른다.
2 셀러리를 한입 크기로 자른다.
3 토마토는 껍질과 꼭지를 제거하고 한입 크기로 자른다.
4 모든 재료를 블렌더에 넣고 간다.

수박 토마토 레몬 스무디

수박에 풍부한 칼륨이 부종을 해소한다.

재료

수박 250g
토마토 1개
레몬 1/4개

만들기

1 수박, 레몬은 껍질과 씨를 제거하고 한입 크기로 자른다.
2 토마토는 꼭지를 제거하고 한입 크기로 자른다.
3 모든 재료를 블렌더에 넣고 간다.

오이 당근 사과 셰이크

연근 사과 레몬 스무디

오이 당근 사과 셰이크

오이는 일 년 내내 구할 수 있는 친숙한 채소로 이뇨 효과가 좋다.

재료

오이 1/2개
당근 1/4개
사과 1개
우유 200㎖
레몬즙 1큰술

만들기

1 오이와 당근은 한입 크기로 잘라서 레몬즙을 뿌린다.
2 사과는 심을 제거하고 한입 크기로 자른다.
3 모든 재료를 블렌더에 넣고 간다.

연근 사과 레몬 스무디

칼륨이 풍부한 연근과 사과로 부종을 말끔히 없앤다.

재료

연근 100g
사과 1개
레몬 1/4개
냉수 50㎖
꿀 1작은술

만들기

1 연근은 껍질을 벗기고 한입 크기로 자른다.
2 사과와 레몬은 껍질과 심을 제거하고 한입 크기로 자른다.
3 1, 2와 냉수를 블렌더에 넣고 간 뒤 꿀을 섞는다.

배 딸기 파슬리 스무디

딸기 셀러리 파인애플 스무디

딸기 셀러리 파인애플 스무디

칼륨을 섭취하여 수분과 노폐물을 몸 밖으로 배출한다.

재료

딸기 8개
셀러리 1/4대
파인애플 100g(1슬라이스)
냉수 100㎖

만들기

1 딸기는 물에 씻고 꼭지를 제거한다.
2 셀러리는 줄기를 떼고 깍둑썰기한다.
3 모든 재료를 블렌더에 넣고 간다.

배 딸기 파슬리 스무디

배의 이뇨 작용이 부종을 줄이고, 딸기와 파슬리로 수용성 비타민을 공급한다.

재료

배 1/2개
딸기 5개
파슬리 2g
냉수 50㎖

만들기

1 배는 껍질과 심을 제거하여 한입 크기로 자른다.
2 딸기는 꼭지를 떼어 낸다. 냉동 딸기를 쓰면 파슬리의 쓴맛이
　한층 부드러워진다.
3 모든 재료를 블렌더에 넣고 15~20초간 간다.

양상추 토마토 양파 스무디

바나나 오렌지 단호박 스무디

양상추 토마토 양파 스무디

양상추는 이뇨 작용이 있으며, 칼륨 성분이 나트륨의 배출을 돕는다.

재료

양상추 1장
토마토 1개
양파 1/4개
냉수 100㎖
소금 약간

만들기

1 양상추, 토마토는 깍둑썰기한다.
2 양파는 한입 크기로 잘라 랩으로 감싸서 전자레인지에 1분간 가열한다.
3 모든 재료를 블렌더에 넣고 간다.

바나나 오렌지 단호박 스무디

칼륨이 풍부하여 몸속에 남아 있는 나트륨을 배출한다.

재료

바나나 60g(약 2/3개)
오렌지 80g
단호박(껍질째) 30g
냉수 50㎖

만들기

1 바나나와 오렌지는 껍질을 벗겨 한입 크기로 자른다.
2 단호박은 씨를 제거하고 전자레인지에서 익혀 자른다.
3 모든 재료를 블렌더에 넣고 15~20초간 간다.

바나나 프룬 요거트

바나나 오렌지 단호박 스무디

바나나 프룬 요거트

오후 간식으로 한 잔 마셔 두면 저녁의 부종을 예방할 수 있다.

재료

바나나 1개
프룬 1개
요거트 100㎖
레몬즙 1작은술
생수 50㎖

만들기

1 바나나는 껍질을 벗기고 2㎝ 크기로 자른다.
2 건포도는 따뜻한 물에 불린다.
3 모든 재료를 블렌더에 넣고 간다.

바나나 팥 셰이크

팥의 사포닌에는 이뇨 작용이 있어 부종 해소에 좋다.

재료

바나나 1개
삶은 팥 2큰술(빙수팥 사용 가능)
우유 1컵
콩가루 3큰술

만들기

1 바나나는 껍질을 벗기고 한입 크기로 자른다.
2 모든 재료를 블렌더에 넣고 간다.

고구마 콩가루 두유

콩가루의 사포닌 성분이 이뇨 효과를 높인다.

재료

고구마 50g
콩가루 1큰술
두유 200㎖
꿀 1작은술

만들기

1 고구마는 잘 씻어서 랩에 싸고 전자레인지에 2분간 가열한 뒤
  2cm 크기로 자른다.
2 모든 재료를 블렌더에 넣고 간다.

참깨 셰이크

참깨는 비타민 E를 비롯한 미네랄이 풍부하며 혈액순환을 좋게 한다.

재료

참깨(빻은 것) 1큰술
우유 200㎖
꿀 약간

만들기

1 유리컵에 참깨, 우유 분량의 1/3, 꿀을 넣는다.
2 1을 막대로 저어서 녹인 뒤, 나머지 우유를
  마저 넣는다.

시금치 셰이크

시금치에 많이 함유된 철분과 비타민 B1, 우유의 단백질이 몸을 따뜻하게 데워 준다.

재료

시금치 20g
우유 200㎖
꿀 1큰술

만들기

1 시금치를 적당한 길이로 찢는다.
2 모든 재료를 블렌더에 넣고 간다.

단호박 계피 두유

계피가 혈액순환을 돕고 발한을 촉진한다.

재료

단호박 100g
두유 150㎖
꿀 1큰술
계피 가루 약간

만들기

1 단호박은 꼭지를 떼고 랩에 싸서 전자레인지에
  2분간 가열한다. 껍질과 씨를 제거한 뒤 한입
  크기로 자른다.
2 모든 재료를 블렌더에 넣고 간다.

파프리카 망고 파인애플 스무디

파프리카와 망고의 비타민 E가 혈액순환을 좋게 하고 냉한 체질을 개선해 준다.

재료

노란 파프리카 30g
망고 60g
파인애플 50g(1/2슬라이스)
플레인 요거트 150㎖

만들기

1 노란 파프리카는 씨와 꼭지를 제거하고 잘게
  자른다.
2 망고와 파인애플의 껍질과 씨를 제거하고 한입
  크기로 자른다.
3 모든 재료를 블렌더에 넣고 15~20초간 간다.

당근 미나리 사과 레몬 주스

미나리의 향기 물질인 정유 성분이 발한 및 보온 작용을 한다.

재료

당근 1/2개
미나리 80g
사과 1/2개
레몬 1/4개

만들기

1 당근은 껍질을 벗기고 한입 크기로 자른다.
2 미나리는 뿌리를 제거하고 한입 크기로 자른다.
3 사과는 껍질과 심을 제거하고 한입 크기로 자른다.
4 레몬은 껍질과 씨를 제거하고 한입 크기로 자른다.
5 모든 재료를 주서에 넣고 즙을 낸다.

단호박 키위 스무디

비타민 B, E가 풍부한 호박에 감미와 산미를 돋운 키위를 더하여 대사를 촉진하고
몸을 따뜻하게 데워 준다.

재료

단호박 100g
키위 2개
생수 100㎖

만들기

1 단호박은 씨를 제거한 뒤 전자레인지에 2분간 가열한 뒤 한입
   크기로 자른다.
2 키위는 껍질을 벗기고 한입 크기로 자른다.
3 모든 재료를 블렌더에 넣고 간다.

생강 사과 마멀레이드차

발한 작용을 하는 생강을 따뜻한 음료로 만들어 섭취한다.

재료

생강 1톨
꿀 2큰술
사과 1/2개
물 600㎖

만들기

1 냄비에 얇게 저민 생강과 사과를 넣고 물을 넣어 끓인다.
2 1이 끓어오르면 중불로 줄여 뭉근히 10~15분간 끓인 뒤 따뜻하게 마신다.

시금치 참깨 주스

빈혈은 육체의 피로를 초래한다. 철분과 엽산이 풍부한 시금치는 참깨의 비타민 B와 어울려 조혈 작용을 하므로 빈혈 예방에 효과적이다.

재료

시금치 50g
참깨 4큰술

만들기

1 시금치는 적당한 길이로 찢는다.
2 모든 재료를 주서에 넣어 즙을 낸다.

시금치 파인애플 토마토 파슬리 스무디

철분이 풍부한 시금치는 빈혈 개선에 좋다. 파슬리, 토마토, 파인애플은 식욕을 돋우고 피로를 풀어 준다.

재료

시금치 30g
파인애플 100g
토마토 1개
파슬리 3g
냉수 50㎖
레몬즙 약간

만들기

1 파인애플은 껍질과 심을 제거하고 한입 크기로 자른다.
2 토마토는 꼭지를 딴 뒤 한입 크기로 자른다.
3 모든 재료를 블렌더에 넣고 간다.

브로콜리 두유

철분의 흡수를 돕는 비타민 C를 보급해 준다.

재료

브로콜리 70g
두유 150㎖
꿀 약간

만들기

1 브로콜리는 꽃송이대로 나누어 잘게 자른다.
2 모든 재료를 주서에 넣고 간다.

바나나 프룬 셰이크

바나나의 비타민 B6는 헤모글로빈 생성을 돕는다. 철분이 풍부한 프룬을 더하면 효과가 좋다.

재료

바나나 1개
프룬(말린 것) 3개
우유 100㎖
레몬즙 약간

만들기

1 바나나는 껍질을 벗기고 잘게 자른다.
2 프룬은 따뜻한 물에 불려서 잘게 자른다.
3 바나나를 한입 크기로 자른다.
4 모든 재료를 블렌더에 넣고 간다.

파인애플 망고 딸기 요거트

비타민 C가 풍부한 열대 과일과 양질의 단백질이 들어 있는 요거트가 철분 흡수를 돕는다.

재료

파인애플 100g(1슬라이스)
망고 50g
딸기 5개
요거트 50㎖

만들기

1 파인애플은 껍질과 심을 제거한다.
2 망고는 껍질과 씨를 제거하고 한입 크기로
  자른다.
3 딸기는 꼭지를 딴다.
4 모든 재료를 블렌더에 넣고 간다.

147

사과 당근 요거트

식물섬유와 유산균이 뱃속을 말끔하게 해 준다.

재료

사과 1/2개
당근 1/2개
플레인 요거트 100㎖
레몬즙 1작은술
꿀 1작은술

만들기

1 당근은 껍질을 벗기고 한입 크기로 자른다.
2 사과는 껍질과 심을 제거하고 한입 크기로 자른다.
3 모든 재료를 블렌더에 넣고 간다.

사과 귤 두유

파란 사과의 신맛이 상큼한 맛의 비밀

재료

아오리 사과 1/2개
귤 1개
두유 100㎖

만들기

1 사과는 껍질을 벗기고 한입 크기로 자른다.
2 모든 재료를 블렌더에 넣고 간다.

우엉 양파 레몬 스무디

우엉의 불용성 식물섬유가 변통을 좋게 하고 몸속 콜레스테롤과 유해물질을 체외로 배출한다.

재료

우엉 10cm
양파 1/4개
레몬즙 1큰술
냉수 100㎖

만들기

1 우엉은 비스듬히 1㎝ 폭으로 썰어서 물에
  담갔다가 소금물에 살짝 데쳐서 건져 레몬즙을
  뿌려 변색을 막는다.
2 양파는 껍질을 벗기고 물에 담갔다가 건진다.
3 모든 재료를 블렌더에 넣고 간다.

브로콜리 오렌지 옥수수 스무디

정장 작용이 우수하여 변비로인한 피부 트러블을 해소한다.

재료

브로콜리 40g
오렌지 1개
옥수수알(통조림) 50g
물 100㎖
꿀 1큰술

만들기

1 브로콜리는 살짝 데친다.
2 오렌지는 껍질을 벗긴다.
3 옥수수알은 익혀서 쓴다. 통조림을 사용하면
  바로 쓸 수 있어 간편하다.
4 모든 재료를 블렌더에 넣고 간다.

프룬 키위 요구르트

단호박 귤 파인애플 스무디

프룬 키위 요구르트

요구르트와 프룬이 만나 장의 노폐물 배출을 돕는다.

재료

프룬 4개
키위 1개
액상 요구르트 150㎖

만들기

1 키위는 껍질을 벗기고 한입 크기로 자른다.
2 모든 재료를 블렌더에 넣고 간다.

단호박 귤 파인애플 스무디

파인애플은 비타민 B₁과 식물섬유가 풍부하다.

재료

단호박 100g
귤 1개
파인애플 50g
냉수 100㎖

만들기

1 귤과 파인애플은 껍질을 벗기고 한입 크기로 자른다.
2 단호박은 씨를 빼고 껍질째 잘라 전자레인지에 2분간 익힌 뒤
  한입 크기로 자른다.
3 모든 재료를 블렌더에 넣고 간다.

풋콩 블루베리 요거트

풋콩에도 이소플라본이 들어 있다. 블루베리에는 세포 노화를 막는 항산화물질이
풍부하며, 칼슘이 풍부한 유제품을 더해 영양이 우수하다.

재료

풋콩(냉동) 100g
블루베리(냉동) 30g
플레인 요거트 200㎖
올리고당 2큰술

만들기

1 풋콩은 해동하여 꼬투리를 깐다.
2 모든 재료를 블렌더에 넣고 간다.

연두부 시금치 파인애플 스무디

연근 파인애플 스무디

연근 파인애플 스무디

연근은 신경의 흥분을 가라앉히는 효과가 있으며, 파인애플의 펙틴을 첨가하면
효과가 상승한다.

재료

연근 50g
파인애플 100g(1슬라이스)
냉수 200㎖
레몬즙 약간

만들기

1 연근은 껍질을 벗기고, 파인애플은 껍질과 심을 제거하고 한입
크기로 자른다.
2 모든 재료를 블렌더에 넣고 간다.

연두부 시금치 파인애플 스무디

이소플라본이 풍부하고 칼로리는 낮은 두부와 비타민 E가 많은 시금치로 만든 주스.

재료

연두부 100g
시금치 20g
파인애플 100g
냉수 100㎖

만들기

1 시금치는 적당한 길이로 뜯어 놓는다.
2 모든 재료를 블렌더에 넣고 간다.

당근 참깨 두유 스무디

당근 뮈슬리 셰이크

당근 뮈슬리 셰이크

갱년기 냉증이 생기면 손발은 차고 얼굴만 달아오르는 경우가 많다. 당근은 몸을 따뜻하게 하고 신체 리듬을 정비해 주는 성분이 있다. 뮈슬리에 든 비타민 E 성분은 호르몬을 촉진하는 작용을 한다.

재료

당근 1/2개
뮈슬리 3큰술
우유 200㎖

만들기

모든 재료를 블렌더에 넣고 간다.

당근 참깨 두유

이소플라본이 풍부한 두유에 카로틴이 풍부한 당근, 칼슘이 많은 깨를 더했다.

재료(약 2인분)

당근 1/2개
참깨 4큰술
두유 1.5컵

만들기

1 당근은 깍둑썰기한다.
2 모든 재료를 블렌더에 넣고 간다.

냉증으로 손발이 찰 때는
따뜻한 주스를,
후끈 달아오르고 상기될 때는
차가운 주스를 마신다.

양배추 셀러리 사과 바나나 스무디

갱년기 여성의 초조함을 달래 준다.

재료

양배추 100g, 셀러리 1/4대, 사과 1/4개, 바나나 1/2개, 냉수 50㎖

만들기

1 양배추와 셀러리는 한입 크기로 자른다.
2 사과는 씨를 제거하고, 바나나는 껍질을 벗기고 한입 크기로
  자른다.
3 모든 재료를 블렌더에 넣고 간다.

호박 당근 수프

호박의 비타민 E 성분이 호르몬의 불균형을 잡아 준다.

재료(4인분)

단호박 100g, 당근 100g, 양파 1/2개, 육수(물) 600㎖, 생크림 100㎖, 올리
브 오일 2큰술, 황설탕 1/2큰술, 소금·후추 적당량

만들기

1 호박은 씨와 껍질을 제거하여 깍둑 썰고, 당근은 은행잎
  모양으로 자른다.
2 양파를 채 썰어 올리브 오일을 두른 냄비에 넣고 부드러워질
  때까지 볶는다.
3 2에 1을 넣고 볶다가 육수를 넣고 푹 끓인다.
4 3을 핸드블렌더로 곱게 간 뒤 생크림을 넣고 약한 불로 끓인 뒤,
  소금 · 후추 · 설탕으로 간한다.